从小爱科学——物理真奇妙（全6册）

U0220508

嗨！变身

［韩］李恩熙　著
［韩］姜明根　绘
千太阳　译

石油工業出版社

你们好！我的名字叫“分子”。

我非常非常小，所以无法用肉眼看清。

不过，人们可以用具有放大功能的显微镜看到我。

不要因为我小，就小看我哦。

就像积木玩具拼接在一起可以制作很多东西一样，像我一样的分子聚在一起也能形成很多物质。

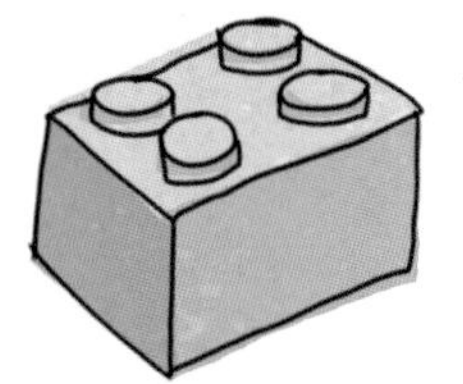

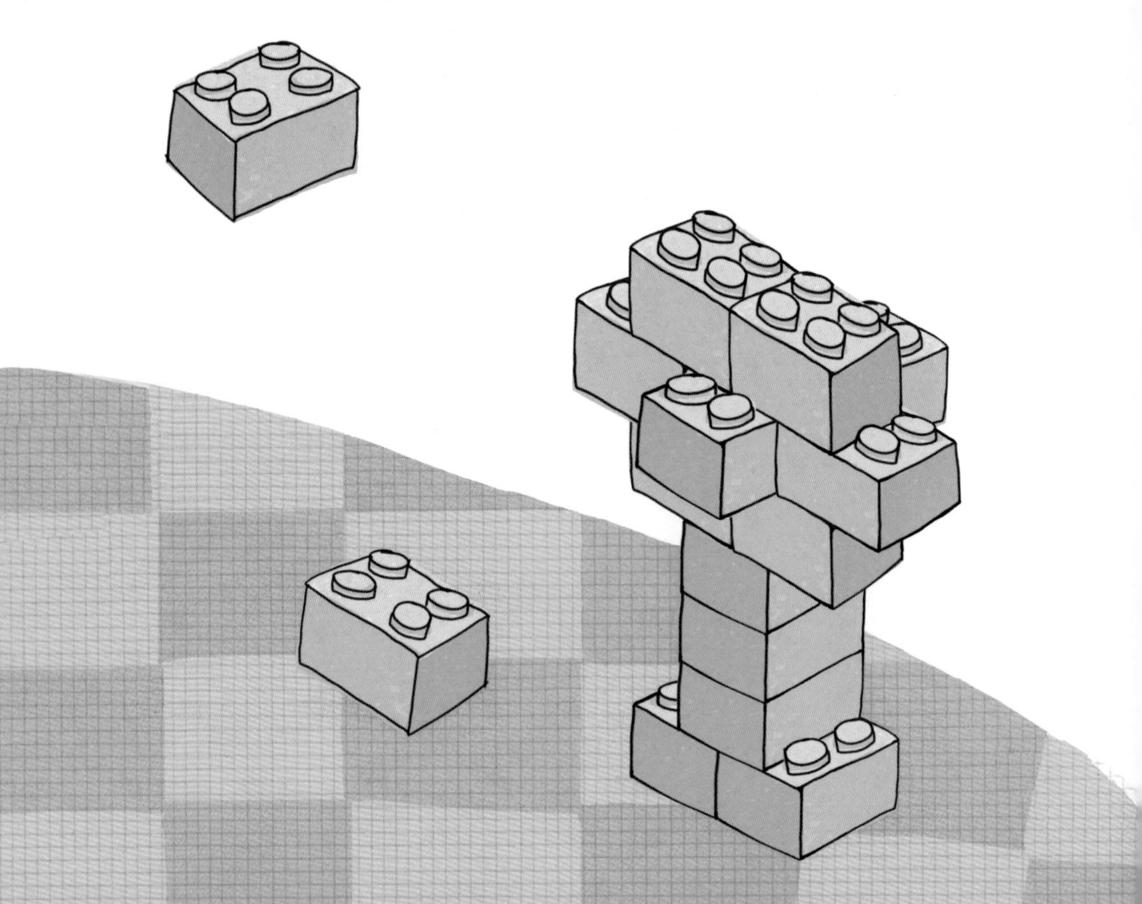

我的朋友们每一次变身都会形成不同的形态。

想不想知道我们都会变成什么样的形态？

嗨，黏在一起吧！

当我和我的朋友们手握手紧紧地贴在一起时，我们就会变成一团。

这就是所谓的“固体”。

无论是制作好吃的饼干时会用到的白色面粉，还是盛面粉时会用到的餐具都属于固体。

你能在这里找到成为固体的我们吗？

为人们遮挡阳光的海滨太阳伞，能够修建城堡的沙子、坚硬的岩石等都属于固体。

另外，这里还有许多其它的固体。

组成固体的分子紧紧相贴，所以它们维持着一定的形态。即使我们用手抓或装进各种形状的盘子里，它们也能始终保持原有的形态。

你要不要玩固体游戏？

来，大家都紧紧地靠在一起。

即使别人碰你，你也不可以动弹。

怎么样？是不是感到很闷？

那我们就再次变身好了！

嗨，分开吧！

我们若是略微松散，就会变成“液体”。

人们的身边同样存在着很多液体。

白色的牛奶和酸甜的果汁都属于液体。

另外，凉爽的水、香喷喷的香油和用来制造美丽泡泡的肥皂水等同样属于液体。

液体没有固定的形态，所以会顺着指缝流下来。

如果把液体装在圆形的盒子里，那它就是圆的；如果把液体装在四方的盒子里，那它就会成为方的。

液体不同于固体，分子之间的连接比较松散，所以它们的形状往往受到容器的影响，而且很容易流淌。不过，即使给它施加压力，它的体积也不会发生变化。

看到好吃的食物时分泌出来的唾液或大量运动后流的汗水等都属于液体。

液体和固体一样，同样很常见。

来，我们这次就玩液体游戏吧。

怎么样？稍微离得远一些，是不是感觉比固体时更加容易动弹了？

我想，到了炎热的夏天，你一定会想离身边的朋友远一点儿，自己一个人待着的。

嗨，既然如此，那我们就准备飞起来吧！

如此一来，我们就能自由自在地到处闲逛了。

因为我们现在已经变成了“气体”。

气体很轻，所以会飘浮在空中。

气体无法用手触摸，也无法抓在手中。

气体始终会陪伴在你的身边。

你知道气体中都有哪些东西吗？

无论是带着臭味的屁，还是漂亮气球里的氢都属于气体。

好，接下来就该玩气体游戏了。

我会给你们配上翅膀，让你们可以飞起来。

如此一来，你们就能自由地飞到自己想去的地方了吧？

水会根据不同的温度，转
变为固体、液体及气体。水平
时就是我们看到的那种液体形
态，但当周围的温度下降到0摄
氏度以下时，它就会变成硬邦邦
的冰块；反之，当我们对水进行
加热，如果水温超过100摄氏度，
它就会变成水蒸气飞向天空。

在我众多的朋友当中，水分子是分子当中的变身之王。

因为它既可以成为固体和液体，也可以成为气体。

如果水分子成为固体，那它就叫“冰”；如果水分子成为液体，那它就是“水”；如果成为气体，那它的名字就叫“水蒸气”。

水每次变身都拥有相对应的名字。

好了，你们现在应该知道我们周围所有的东西都是由分子构成的了吧？

你们看一下自己的周围，然后找出固体、液体、气体状态的我们吧。

怎么样？能不能找出来？

水变成冰后会发生什么变化

炎热的夏天，为了喝上凉爽的冰水，将装满水的玻璃瓶放进冷冻室冷冻会怎么样？

当气体变成液体或液体变成固体的时候，由于分子变得密集起来，所以物质占据的空间，即体积会减少。因此，物质往往在气体时体积最大，固体时体积最小。

但是水不同于其他物质，它在从液体变成固体时，体积反而会变大。

因为水在成为冰时，分子们会聚在一起形成六角形的状态，以至于中间会留出多余的空间。因此，液体状态的水变成固体状态的冰时，体积反而会变大。由于水在冰冻后，体积会变大，所以分子们会相互推挤，最终将玻璃瓶挤碎。

因此，在制作冰水的时候，最好不要灌满水瓶，同时也不要使用容易破碎的玻璃瓶。

◀这是水在冰冻时体积变大，冰块凸出来的样子。

什么东西能够从固体变成气体

大部分物质都能从固体变成液体，再从液体变成气体。

反过来，它们也能从气体变成液体，然后从液体变成固体。

▲变成气体时吸走热量的干冰

但是有些东西会直接从固体变成气体。

你们有没有看到在包装冰激凌的时候，为了防止融化，会事先在箱子里放入一些白色固体的情形？它的样子长得有点像碎冰，但它其实并不是冰块。它的名字叫干冰，是固态的二氧化碳。

干冰在从固体变成气体时会从周围吸走热量，因此它可以很好地防止冰激凌融化。

妈妈放在衣柜里的长得像薄荷糖的白色药丸也是可以直接从固体变成气体的物质。这种叫樟脑丸的药品会在从固体变成气体的同时，将药物成分散布到空气中，从而赶跑啃食衣物的虫子。

千万不要因为樟脑丸长得像糖就将它吃掉哦！

另外，干冰也不可以直接用手触摸，因为它会冻伤你的手。

▲挂在衣柜里的樟脑丸

1 下面哪些是液体？请用○画出来。

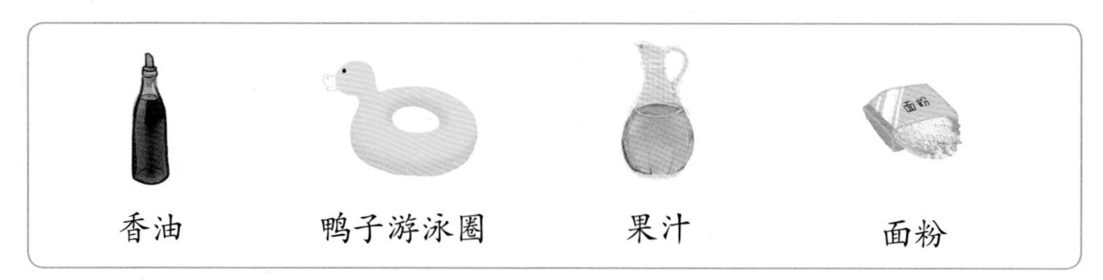

2 水是分子当中的变身之王。用直线将相对应的图片和词语连接起来。

3 我们周围都有什么东西是固体、液体以及气体？思考后请回答。

答案 1.香油、果汁 2.（1）③（2）①（3）② 3.例气体：氧气、水蒸气等。液体：酸奶、豆奶等。固体：桌子、电视等。